Hakan Demirel

GPS: Positionsbestimmung auf der Erde und im Raum

GRIN Verlag

Bibliografische Information der Deutschen Nationalbibliothek:

Die Deutsche Bibliothek verzeichnet diese Publikation in der Deutschen National-
bibliografie; detaillierte bibliografische Daten sind im Internet über http://dnb.d-
nb.de/ abrufbar.

Impressum:

Copyright © 2013 GRIN Verlag GmbH
Druck und Bindung: Books on Demand GmbH, Norderstedt Germany
ISBN: 978-3-656-44719-1

Dieses Buch bei GRIN:

http://www.grin.com/de/e-book/215642/gps-positionsbestimmung-auf-der-erde-
und-im-raum

GRIN - Your knowledge has value

Der GRIN Verlag publiziert seit 1998 wissenschaftliche Arbeiten von Studenten, Hochschullehrern und anderen Akademikern als eBook und gedrucktes Buch. Die Verlagswebsite www.grin.com ist die ideale Plattform zur Veröffentlichung von Hausarbeiten, Abschlussarbeiten, wissenschaftlichen Aufsätzen, Dissertationen und Fachbüchern.

Besuchen Sie uns im Internet:

http://www.grin.com/

http://www.facebook.com/grincom

http://www.twitter.com/grin_com

Seminararbeit

Positionsbestimmung auf der Erde und im Raum

Hakan Demirel

Datum der Abgabe
18.05.2013

Fakultät für Mathematik

Karlsruher Institut für Technologie

Inhaltsverzeichnis

1 Global Positioning System (GPS)

1.1 Einleitung

Schon seit vielen Hunderten Jahren ist es eine Herausforderung gewesen, sich in unbekannten Orten oder Gegenden zurechtzufinden. Im Mittelalter wurden Skizzen, und somit auch Karten zur Zielbeschreibung oder allgemein zur Orientierung eingesetzt. Mit der Entwicklung der Navigation Satellite Timing and Ranging, kurz NAVSTAR, ist der Traum für die genaue Positionierung auf jedem Punkt der Erde, zu jeder Zeit und bei jedem Wetter Wirklichkeit geworden[1, 2, 3]. Welchen unvorstellbaren Nutzen das GPS hat, wird durch die Blitzschlagortung verdeutlicht. Das GPS wird als Uhrzeit-Synchronisierer verwendet, damit alle Blitzdetektoren die genaue Uhrzeit besitzen, womit die Blitze zur einheitlichen Zeit registriert werden. Die Karten wurden immer weiter entwickelt und so wurden bedeutsame Handelsrouten auf dem Land gekennzeichnet. Zumal die Erde eine Kugel ist, erweist es sich als unmöglich, sie auf einem Blatt Papier so darzustellen, dass gleichzeitig Winkel-, Abstands- und Flächenverhältnisse erhalten bleiben. Somit entstand ein neuer Wissenschaftsbereich: „Die Kartografie"[4].

1.2 Fakten über das GPS

Die zurzeit international zur Verfügung stehenden Satellitenortungssyteme sind ursprünglich für die Navigation militärischer Objekte geschaffen worden. Das amerikanische Verteidigungsministerium (*Department of Defense*, Abkürzung DOD) beschloss 1973, ein Satellitensystem zu entwickeln, das zur Bestimmung von Positionen und Geschwindigkeiten von ruhenden und sich bewegenden Objekten dienen sollte[5, 6, 7]. Somit war die Möglichkeit gegeben Objekte weltweit mit einer hohen Präzision zu navigieren. Der erste Block wurde fünf Jahre nach dem Beschluss der Entwicklung des GPS mit zehn Satelliten gestartet. Zwischen 1994 und 1995 wurde die GPS-Satellitenkonstellation mit 24 voll funktionsfähigen Satelliten fertiggestellt und für den zivilen Ge-

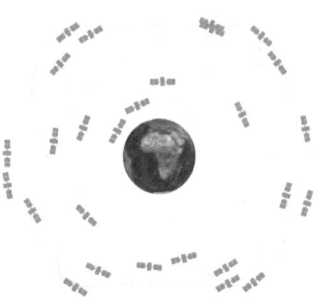

Abbildung 1.1: 6 Orbitalebenen mit je 4 Satelliten

brauch freigegeben. Erst ab dem 2. Mai 2000 wurden die Ungenauigkeiten abgeschaltet *Selektive Availebility*, (Abkürzung SA). Die SA wurde zum Sicherheitsschutz der USA eingeführt[8, 9]. Zweck dieses Sicherheitsschutzes war eine künstliche Ungenauigkeit von rund 100 Metern zu generieren. Das System besteht seit 2005 aus 32 Satelliten, dabei sollten mindesten 24 von diesen Satelliten funktionstüchtig sein. Die restlichen Satelliten stehen bei einem Versagen der Funktionsfähigkeit zum Einsatz bereit. Die Satelliten befinden sich 20200 km von der Erdoberfläche entfernt[10]. Sie sind über sechs Orbitalebenen verteilt mit je vier Satelliten (siehe Abb. 1.1). Die Positionierungen der Satelliten sind derart gewählt, dass man an jedem Ort auf der Erde mindestens vier Satelliten beobachten kann. Die zur Ortung erforderlichen Informationen werden von Sendern ausgestrahlt und von Empfängern aufgenommen. Jedes Navigationsgerät ist mit einem Empfänger, Bildschirm und Prozessor, womit die Position berechnet wird, ausgestattet[11, 12]. Die Gesamtkosten für das bestehende Funkortungssystem betrug insgesamt 12 Milliarden Dollar. Das Funkortungssystem NAVSTAR-GPS stellt zum gegenwärtigen Zeitpunkt das weltweit leistungsfähigste System für die Ortung und Navigation dar. Alternativen zu diesem System sind: Global Navigation Satellite System GLONASS (Russland) und GALILEO (Europa), das ab 2014 in Betrieb gehen wird[13, 14, 15, 16].

1.3 Drei Segmente des GPS

Das GPS besteht aus drei Segmenten: Raumsegment, Kontrollsegment, Nutzersegment[7].

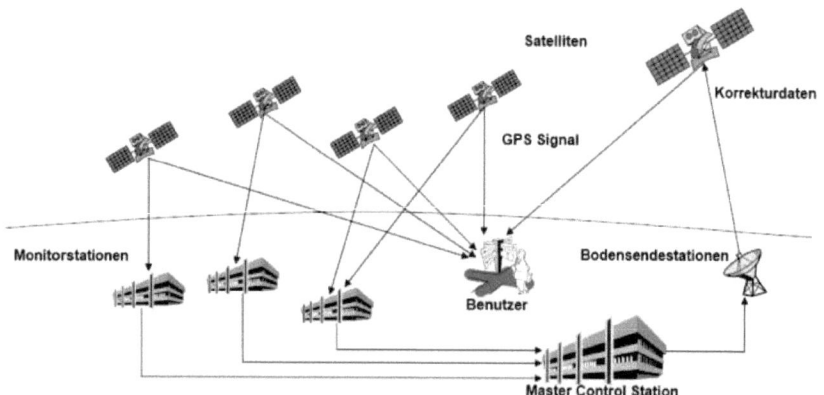

Abbildung 1.2: Drei Segmente des GPS

1.3.1 Raumsegment

Das Raumsegment (siehe Abb. 1.3) besteht aus den für das GPS bestimmten 36 Satelliten, wobei 24 Satelliten aktiv genutzt werden und die restlichen zwölf Satelliten zum Einsatz bereitstehen, falls eines der 24 Satelliten versagt.

4

Für eine Ortung werden vier Satelliten benötigt, deren Signale gleichzeitig oder innerhalb eines kurzen Zeitintervalls nacheinander empfangen werden. Auf die genaue Erläuterung, weshalb vier Satelliten benötigt werden, wird im nächsten Kapitel eingegangen. Die Satelliten sind auf ihren Umlaufbahnen in Bewegung; daher werden die Signale eines bestimmten Satelliten nur für ein begrenztes Zeitintervall zu empfangen sein. Für das Raumsegment sind mindestens 24 Satelliten erforderlich, damit eine kontinuierliche Ortung an jedem Punkt der Erde gewährleistet wird. Der symmetrische Aufbau der Bahnen und die Gleichverteilung der Satelliten führt zu einer guten Überdeckung und einer stabilen Konstellation,

Abbildung 1.3: Raumsegment

weil Störfaktoren im Mittel auf Satelliten gleich einwirken. Die Satelliten selbst enthalten einen Sender, einen Empfänger, eine Antenne und mehrere Atomuhren. Im GPS spielt die genaue Zeit eine entscheidende Rolle. Die Genauigkeit der Positionsbestimmung hängt von der korrekten Zeitübereinstimmung zwischen den drei Segmenten ab. Die Genauigkeit einer solchen Atomuhr liegt bei 10^{-14} Sekunden[17, 7].

1.3.2 Kontrollsegment

Das Kontrollsegment (siehe Abb 1.4) liegt komplett in der Hand der US-Armee (Department of Defense). Es besteht aus der „Master Control Station", die sich in Colorado

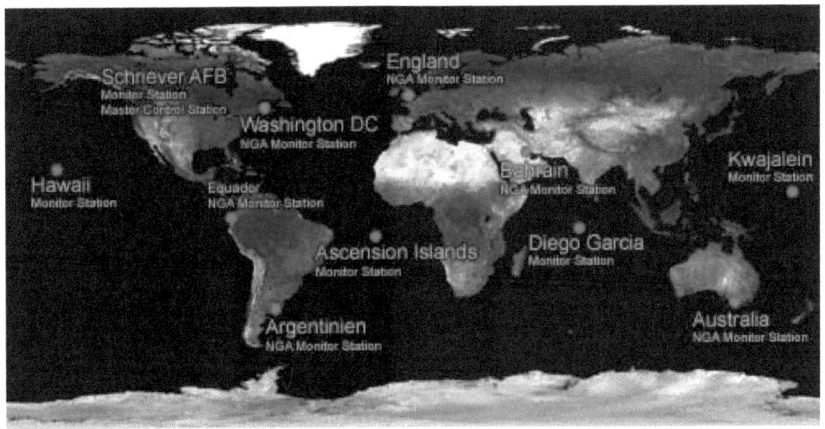

Abbildung 1.4: Kontrollsegment

Springs befindet, und zehn weiteren Monitor-Stationen: Hawaii, Washington DC, Ecuador, Argentinien, Ascensions Islands, Großbritannien, Bahrain, Diego Garcia, Australien, Kwajalein. Die Stationen haben Zwei-Frequenz-Empfänger. Sie sammeln die Daten von den sichtbaren Satelliten, korrigieren die ermittelten Entfernungen bezüglich troposphärischer und ionosphärischer Zurückberechnung und beseitigen Messrauschen. Die Master Control Station ruft die von den Monitorstationen gesammelten Daten ab und berechnet das zukünftige Verhalten der Satelliten. Die Bodenantenne übermittelt die korrigierten Umlaufbahnpositionen der jeweiligen Satelliten alle acht Stunden, wobei die Position der Satelliten sofort korrigiert werden. Für die Korrektur sind an den Satelliten Düsen angebracht, um die Position des Satelliten zu korrigieren[17, 7].

1.3.3 Nutzersegment

Eine Satellitenempfangsanlage (GPS-Gerät) besteht aus einem Empfänger und einer Antenne. Die Empfänger haben je nach Hersteller und Genauigkeitsanforderungen eine unterschiedliche Anzahl von Kanälen, auf denen empfangen werden kann. Die Signale werden von der Antenne aufgenommen und vom Empfänger identifiziert. Entsprechend der vorhandenen Kanalanzahl werden die Daten der Satelliten gespeichert und die besten Konstellationen für die Positionsbestimmung gebildet. Die Vorgehensweise wird in Abschnitt 2.3.1 beschrieben. Aus dem gewonnen Datenmaterial wird somit die Pseudoentfernung zwischen Standpunkt und den Satelliten berechnet[17, 7]. Zu den Nutzern gehören: Autofahrer, Piloten, Wanderer, Jäger, Militär usw.

Abbildung 1.5: Nutzersegment

6

2 Positionsbestimmung

2.1 Auswahl der Achsen des Koordinatensystems

Bevor mit der Berechnung der Position begonnen werden kann, muss zunächst festgelegt werden, welches Bezugssystem verwendet wird. Für geometrische Probleme auf Oberflächen von Kugeln erweist es sich als ungeeignet, mit dem kartesischen Koordinatensystem zu arbeiten. Eine Erleichterung wird durch die Transformation vom kartesischen Koordinaten zum sphärischen Koordinaten (Kugelkoordinatensystem) erreicht[18]. Es wird statt der zueinander orthogonalen Koordinaten für den Punkt $P(x, y, z)$ die Koordinaten von der Geografie der Erde: Längen- und Breitengrade gewählt[19]. Hinzu kommt noch der Abstand des Punktes P zum Ursprung, also der Radius R. Dieses Koordinatensystem wird als Kugelkoordinatensystem (siehe Abb. 2.1) bezeichnet. Folgende Wahl erweist sich als sinnvoll: Der Ursprung des Koordinatensystems ist der Erdmittelpunkt; die

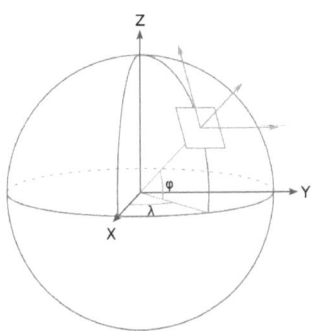

Abbildung 2.1
Kugelkoordinatensystem

z-Achse geht durch die beiden Pole und ist zum Nordpol gerichtet; die x-Achse und die y-Achse liegen beide in der äquatorialebene; die positive x-Achse geht durch den Nullmeridian; die positive y-Achse geht durch den Meridian von 90 Grad östlicher Länge[20].

Die benötigten Umrechnungsformeln werden im Folgenden aufgeführt:

$$x = R\cos\lambda\cos\varphi \tag{2.1}$$
$$y = R\sin\lambda\cos\varphi \tag{2.2}$$
$$z = R\sin\varphi \tag{2.3}$$

Somit gilt

$$R = \sqrt{x^2 + y^2 + z^2} \tag{2.4}$$
$$\varphi = \arcsin\tfrac{z}{R} \text{ mit } \varphi \in [-90°, 90°] \tag{2.5}$$
$$\lambda = \arccos\left(\tfrac{x}{R\cos\varphi}\right) \text{ mit } \lambda \in [0°, 360°] \tag{2.6}$$

7

2.2 Berechnung der Position ohne Uhrenfehler

Mit GPS ist für die Ortung und die Navigation ein neuer Standard erreicht worden, der zu außergewöhnlichen Veränderungen in den Anwendungsgebieten geführt hat. Das angewandte Ortungsverfahren beruht auf dem Prinzip der Bestimmung der Entfernungsdifferenz zwischen dem ortenden Objekt (Nutzer) und den drei Satelliten[19, 7]. Angenommen es sind keine Uhrenfehler vorhanden, so würde es ausreichen, eine Entfernungsmessung zu drei Satelliten auszuführen. Somit existieren drei Gleichungen für drei Unbekannte. Die Unbekannten sind x, y und z des Punktes $P(x, y, z)$, auf dem der Empfänger steht, und für die drei Sa-

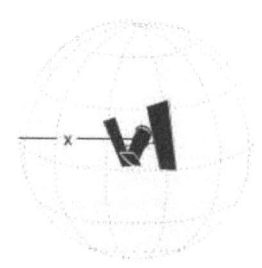

Abbildung 2.2: Entfernung zu einem Satelliten

telliten $S_1(x_1, y_1, z_1)$; $S_2(x_2, y_2, z_2)$; $S_3(x_3, y_3, z_3)$, sodass sich folgender Zusammenhang ergibt:

$$(x - x_1)^2 + (y - y_1)^2 + (z - z_1)^2 \quad = r_1^2 \quad = c^2 t_1^2 \qquad (2.7)$$
$$(x - x_2)^2 + (y - y_2)^2 + (z - z_2)^2 \quad = r_2^2 \quad = c^2 t_2^2 \qquad (2.8)$$
$$(x - x_3)^2 + (y - y_3)^2 + (z - z_3)^2 \quad = r_3^2 \quad = c^2 t_3^2 \qquad (2.9)$$

wobei die Entfernung über eine einfache Beziehung „Weg = Geschwindigkeit · Zeit" abgeleitet wird. Die physikalische Begründung für die Formel ist die gleichförmige Bewegung der Satelliten.

Lösung des Systems (2.7)-(2.9)

Die Gleichungen sind quadratisch und somit auch aufwendig zu lösen. Die Idee ist, ein lineares Gleichungssystem zu konstruieren, indem eine der Gleichungen von einer anderen subtrahiert wird. Also wird ein äquivalentes System (2.10)-(2.12) erhalten, indem (2.7)-(2.9) und (2.8)-(2.9) subtrahiert wird:

$$2(x_3 - x_1)x + 2(y_3 - y_1)y + 2(z_3 - z_1)z \quad = A_1 \qquad (2.10)$$
$$2(x_3 - x_2)x + 2(y_3 - y_2)y + 2(z_3 - z_2)z \quad = A_2 \qquad (2.11)$$
$$(x - x_3)^2 + (y - y_3)^2 + (z - z_3)^2 \quad = c^2 t_3^2 \qquad (2.12)$$

mit

$$A_1 \quad = c^2(t_1^2 - t_3^2) + (x_3^2 - x_1^2) + (y_3^2 - y_1^2) + (z_3^2 - z_1^2)$$
$$A_2 \quad = c^2(t_2^2 - t_3^2) + (x_3^2 - x_2^2) + (y_3^2 - y_2^2) + (z_3^2 - z_2^2)$$

um die Lösungen für x und y zu bestimmen, wird die Cramer'sche Regel verwendet:

$$x = \frac{\begin{vmatrix} A_1 - 2(z_3 - z_1)z & 2(y_3 - y_1) \\ A_2 - 2(z_3 - z_2)z & 2(y_3 - y_2) \end{vmatrix}}{\begin{vmatrix} 2(x_3 - x_1) & 2(y_3 - y_1) \\ 2(x_3 - x_2) & 2(y_3 - y_2) \end{vmatrix}} \qquad (2.13)$$

und

$$y = \frac{\begin{vmatrix} 2(x_3 - x_1) & A_1 - 2(z_3 - z_1)z \\ 2(x_3 - x_2) & A_2 - 2(z_3 - z_2)z \end{vmatrix}}{\begin{vmatrix} 2(x_3 - x_1) & 2(y_3 - y_1) \\ 2(x_3 - x_2) & 2(y_3 - y_2) \end{vmatrix}} \qquad (2.14)$$

mit der Eigenschaft der Satellitenkonstellation folgt, dass drei Satelliten niemals auf einer Geraden sein können. Diese Eigenschaft liefert, dass die Vielfachheiten der Determinanten

$$\begin{vmatrix} x_3 - x_1 & y_3 - y_1 \\ x_3 - x_2 & y_3 - y_2 \end{vmatrix}, \begin{vmatrix} x_3 - x_1 & z_3 - z_1 \\ x_3 - x_2 & z_3 - z_2 \end{vmatrix}, \begin{vmatrix} y_3 - y_1 & z_3 - z_1 \\ y_3 - y_2 & z_3 - z_2 \end{vmatrix} \neq 0$$

von Null verschieden sein müssen.
Daraus folgt, dass immer eine eindeutige Lösung vorhanden ist, da die Lösungen (2.13) und (2.14) den Nenner eine Vielfachheit dieser Determinanten besitzt.

Falls die Entfernung zu einem Satelliten zur Verfügung steht, so kann sich die Position des Empfängers überall auf einer Kugeloberfläche befinden (siehe Abb. 2.2), die den Radius der gemessenen Entfernung hat. Mit der Messung zu einem zweiten Satelliten, wird ein Schnittkreis der beiden „Entfernungskugeln" erhalten, d.h. weiterhin keine eindeutige Position des Standpunktes (siehe Abb. 2.3). Der Schnittpunkt von drei Kugeloberflächen ist der gesuchte Standort des Empfängers (siehe Abb.2.4)[21, 19]. Wie auf der Abbildung leicht zu erkennen ist, sind jedoch zwei mögliche Standpunkte vorhanden, auf denen sich der Empfänger befinden kann. Die Koordinaten der Satelliten sind dem Empfänger bekannt, sodass die Koordinaten des Standpunktes berechnet werden kann.

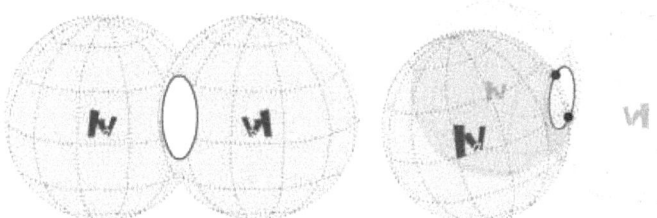

Abbildung 2.3: Schnittkreis   Abbildung 2.4: mögliche Standpunkte

Da der Empfänger sich auf der Erdoberfläche befindet, kann nun eine Position ausgeschlossen werden und es gibt eine eindeutige Position (siehe Abb. 2.5). Die Entfernungen werden durch die Messungen der Laufzeiten von impulsförmigen Signalen in der Einweg-Methode bestimmt. Bei der Einweg-Methode wird von einer Funkstelle, die den Bezugssystem darstellt, ausgestrahlt und von der ortenden Stelle empfangen und ausgewertet. Das Messsignal durchläuft die zu messende Strecke nur minimal. Dies setzt

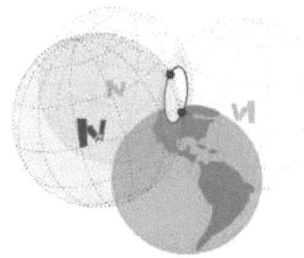

Abbildung 2.5
Entfernung zu einem Satelliten

jedoch voraus, dass die Uhrzeiten in den Satelliten mit der Uhrzeit im Empfänger des Nutzers übereinstimmt. Da diese Bedingung in der Realität unmöglich ist, wird ein vierter Satellit benötigt, der die Abweichung der Uhrzeiten berechnet. Somit wird auf die praktischen Schwierigkeiten mit dem Uhrenfehler der Positionsbestimmung eingegangen[6].

2.3 Praktische Schwierigkeiten

Bisher wurde von einem perfekten System ausgegangen, jedoch begegnet man in der Praxis auf Schwierigkeiten, die man in der Theorie nicht hat. Alle Satelliten haben eine synchrone Zeit. Diese Zeit gilt als exakt, da jeder Satellit zwei Atomuhren besitzt. Die Empfänger besitzen aus Kostengründen anstelle von hochgenauen Atomuhren lediglich Quarzuhren, die nicht synchron mit den Atomuhren sind. Folglich existiert ein Uhrenfehler, der bei der Positionsbestimmung zu einer möglichen Position auf einer Fläche führt (sieh Abb. 2.6). Der Empfänger hat somit keine feste Position und kann auch nicht er-

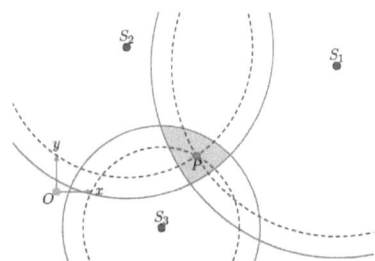

Abbildung 2.6: Positionsfehlerbereich in grau

mitteln, wo der Standort ist. Somit muss die Zeitdifferenz zwischen den Satellitenuhren und der Empfängeruhr als Unbekannte τ in der Positionsbestimmung mitberücksichtigt werden[7]. Daher ist die **fiktive Zeit** gegeben durch:

$$T_i = \underbrace{\tau}_{Uhrenfehler} + t_i$$

Diese vierte Unbekannte τ ist die Antwort dafür, warum in der Praxis ein vierter Satellit benötigt wird. Das neue Gleichungssystem lautet somit:

$$(x - x_1)^2 + (y - y_1)^2 + (z - z_1)^2 \quad = \quad c^2(T_1 - \tau)^2 \tag{2.15}$$
$$(x - x_2)^2 + (y - y_2)^2 + (z - z_2)^2 \quad = \quad c^2(T_2 - \tau)^2 \tag{2.16}$$
$$(x - x_3)^2 + (y - y_3)^2 + (z - z_3)^2 \quad = \quad c^2(T_3 - \tau)^2 \tag{2.17}$$
$$(x - x_4)^2 + (y - y_4)^2 + (z - z_4)^2 \quad = \quad c^2(T_4 - \tau)^2 \tag{2.18}$$

In diesem System sind die vier Unbekannten x, y, z und τ vorhanden, die durch das selbe Verfahren wie in Abschnitt 2.2 ein lineares Gleichungssystem konstruiert werden, indem eine der Gleichungen von einer anderen subtrahiert wird. Also wird ein äquivalentes System (2.10)-(2.12) erhalten, indem (2.15)-(2.18), (2.16)-(2.18) und (2.17)-(2.18) subtrahiert wird:

$$2(x_4 - a_1)x + 2(y_4 - y_1)y + 2(z_4 - z_1)z \quad = \quad 2c^2\tau(T_4 - T_1) + B_1 \tag{2.19}$$
$$2(x_4 - a_2)x + 2(y_4 - y_2)y + 2(z_4 - z_2)z \quad = \quad 2c^2\tau(T_4 - T_2) + B_2 \tag{2.20}$$
$$2(x_4 - a_3)x + 2(y_4 - y_3)y + 2(z_4 - z_3)z \quad = \quad 2c^2\tau(T_4 - T_3) + B_3 \tag{2.21}$$
$$(x - x_4)^2 + (y - y_4)^2 + (z - z_4)^2 = c^2(T_4 - \tau)^2 \tag{2.22}$$

wobei

$$B_1 \quad = c^2(T_1^2 - T_4^2) + (x_4^2 - x_1^2) + (y_4^2 - y_1^2) + (z_4^2 - z_1^2)$$
$$B_2 \quad = c^2(T_2^2 - T_4^2) + (x_4^2 - x_2^2) + (y_4^2 - y_2^2) + (z_4^2 - z_2^2)$$
$$B_3 \quad = c^2(T_3^2 - T_4^2) + (x_4^2 - x_3^2) + (y_4^2 - y_3^2) + (z_4^2 - z_3^2)$$

um die Werte für x, y und z zu bestimmen, wird wieder die Cramer'sche Regel verwendet und somit sind sie gegeben durch:

$$x = \frac{\begin{vmatrix} 2c^2\tau(T_4 - T_1) + B_1 & 2(y_4 - y_1) & 2(z_4 - z_1) \\ 2c^2\tau(T_4 - T_2) + B_2 & 2(y_4 - y_2) & 2(z_4 - z_2) \\ 2c^2\tau(T_4 - T_3) + B_3 & 2(y_4 - y_3) & 2(z_4 - z_3) \end{vmatrix}}{\begin{vmatrix} 2(x_4 - x_1) & 2(y_4 - y_1) & 2(z_4 - z_1) \\ 2(x_4 - x_2) & 2(y_4 - y_2) & 2(z_4 - z_2) \\ 2(x_4 - x_3) & 2(y_4 - y_3) & 2(z_4 - z_3) \end{vmatrix}} \tag{2.23}$$

$$y = \frac{\begin{vmatrix} 2(x_4 - x_1) & 2c^2\tau(T_4 - T_1) + B_1 & 2(z_4 - z_1) \\ 2(x_4 - x_2) & 2c^2\tau(T_4 - T_2) + B_2 & 2(z_4 - z_2) \\ 2(x_4 - x_3) & 2c^2\tau(T_4 - T_3) + B_3 & 2(z_4 - z_3) \end{vmatrix}}{\begin{vmatrix} 2(x_4 - x_1) & 2(y_4 - y_1) & 2(z_4 - z_1) \\ 2(x_4 - x_2) & 2(y_4 - y_2) & 2(z_4 - z_2) \\ 2(x_4 - x_3) & 2(y_4 - y_3) & 2(z_4 - z_3) \end{vmatrix}} \tag{2.24}$$

11

$$z = \frac{\begin{vmatrix} 2(x_4 - x_1) & 2(y_4 - y_1) & 2c^2\tau(T_4 - T_1) + B_1 \\ 2(x_4 - x_2) & 2(y_4 - y_2) & 2c^2\tau(T_4 - T_2) + B_2 \\ 2(x_4 - x_3) & 2(y_4 - y_3) & 2c^2\tau(T_4 - T_3) + B_3 \end{vmatrix}}{\begin{vmatrix} 2(x_4 - x_1) & 2(y_4 - y_1) & 2(z_4 - z_1) \\ 2(x_4 - x_2) & 2(y_4 - y_2) & 2(z_4 - z_2) \\ 2(x_4 - x_3) & 2(y_4 - y_3) & 2(z_4 - z_3) \end{vmatrix}} \qquad (2.25)$$

Diese Werte existieren genau dann, wenn der Nenner von Null verschieden ist. Und dies ist abgesichert durch die Satellitenkonstellation, da keine der vier Satelliten auf einer Geraden sein können. Werden nun die Werte x, y und z in (2.22) eingesetzt,

$$(x - x_4)^2 + (y - y_4)^2 + (z - z_4)^2 = c^2(T_4 - \tau)^2$$

somit wird eine quadratische Gleichung in Abhängigkeit von der Unbekannte τ erhalten. Da es sich um eine quadratische Gleichung handelt, erheben sich zwei mögliche Zeitdifferenzen τ_1 und τ_2, wobei hier auch eine Lösung ausgeschlossen werden kann, da sie unrealistisch ist.

$$\tau_{1,2} = T_4 - \sqrt{\frac{(x - x_4)^2 + (y - y_4)^2 + (z - z_4)^2}{c^2}}$$

2.3.1 Auswahl der Satelliten

Es stellt sich die Frage, welchen Satelliten der Empfänger wählt, falls mehr als vier Satelliten in Sicht sind. Natürlich versucht der Empfänger die bestmöglichen Ergebnisse zu liefern. D.h. der Empfänger wählt die Konstellation der Satelliten so aus, dass der Fehler der Positionsbestimmung so weit wie möglich gering gehalten wird. Geometrisch betrachtet folgt: Je größer der Winkel zwischen den Oberflächen zweier sich schneidender verdickter (ungenauer) Kugeln ist, desto kleiner ist das Volumen dieses Durchschnitts.[9] Anschaulich wird dies durch die Abbildungen 2.7 und 2.8 dargestellt. Schneiden sich die

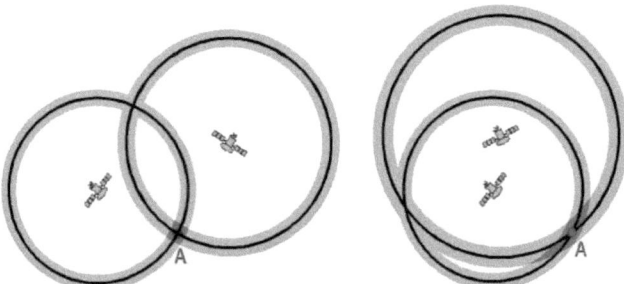

Abbildung 2.7: kleiner Schnittwinkel   Abbildung 2.8: großer   Schnittwinkel

Kugeln fast tangential, dann ist das Schnittvolumen (und somit die Unsicherheit) größer. Also werden die Kugeln so gewählt, dass sie einander in einem möglichst großen Winkel schneiden[7, 19]. Algebraisch ist zu erkennen,dass, je kleiner der Nenner der Werte x, y und z ist, desto größer ist der Fehler. Also müssen die Satelliten so gewählt werden, dass die Determinante:

$$\begin{vmatrix} 2(a_4 - a_1) & 2(b_4 - b_1) & 2(c_4 - c_1) \\ 2(a_4 - a_2) & 2(b_4 - b_2) & 2(c_4 - c_2) \\ 2(a_4 - a_3) & 2(b_4 - b_3) & 2(c_4 - c_3) \end{vmatrix}$$

maximal wird, damit eine hohe Genauigkeit der Positionsbestimmung erzielt werden kann.

2.4 Anwendung des GPS

Die Satellitenortungs- und Navigationssystem GPS und GLONASS waren ursprünglich nur zur Ortung und Navigation militärischer Aufgaben bestimmt. Aufgrund der hervorragenden Ergebnisse bei der Verwendung im zivilen Bereich, insbesondere bei der Positionsbestimmung, hat die Nutzung weltweit einen großen Umfang angenommen[22]. Aufgrund der Unabhängigkeit der Nutzer entstand somit, nach zur Verfügungstellung an die zivile Bevölkerung, keinerlei überlastung im GPS. Im Folgenden ist zu sehen, welche Anwendungsgebiete für das GPS vorhanden sind:

2.4.1 Die Luftfahrt

Der Gebrauch des GPS in Flugzeugen ermöglicht eine dichtes Fliegen an anderen Flugzeugen, wobei die Flugzeuge dennoch in einem sicheren Abstand voneinander fliegen[7]. Während des Flugs verwenden die Flugzeuge das bereits eingeführte GPS-System. Mittels unabhängigen GPS-Empfänger wird ständig der Mittelwert in Zeitintervallen der Ergebnisse berechnet, um eine möglichst genaue Positionierung in der Luft festzustellen, da GPS keine hohe Präzision besitzt (siehe Abschnitt 2.5). Unterschiedlich zu allen anderen Positionsbestimmungen mittels GPS ist der Landeanflug der Flugzeuge. Die einfachste technische Lösung ist die Bereitstellung einer DGPS[1] am Boden. Die größte Ungenauigkeit beim GPS erfolgt durch die Verwendung der Konstanten c (Signalgeschwindigkeit), denn diese wird wegen der Atmosphäre an unterschiedlichen Standorten verschieden. Die Idee besteht darin, den zu verwendenden Wert von c bei der Berechnung der Satellitenentfernung zu verfeinern. Die Laufzeit, die vom Empfänger gemessen wurde, wird mit der Laufzeit verglichen, die von einem anderen nahegelegenen Empfänger gemessen wird, dessen genaue Position bekannt ist. Bei Landanflügen von Flugzeugen wird dieses Verfahren bevorzugt, damit eine sehr hohe Präzision der Positionsbestimmung erzielt werden kann[20].

---

[1]Differential Global Positioning System (DGPS, Globales Positionssystem (mit) Differential(signal)) ist eine Bezeichnung für Verfahren, die durch das Ausstrahlen von Korrekturdaten (Bahn- und Zeitsystem) die Genauigkeit der GPS-Navigation steigern können[23].

2.4.2 Die Seefahrt

Heutzutage werden sehr oft die Satellitenortungssysteme GPS und GLONASS benutzt. Die für die Navigation auf See geltenden Werte werden weitgehend erfüllt. Die erzielbare Navigationsgenauigkeit ist in jedem Fall besser als die bisher genutzten Funkortungssysteme DECCA, LORAN und OMEGA[17].

2.4.3 Der Straßenverkehr

Im Vergleich zu der Navigation bei der Luft- und der Seefahrt ist die Navigation im Straßenverkehr sehr jung. Die Notwendigkeit der Verwendung des GPS im Straßenverkehr ergab sich aus der enormen Zunahme des Straßenverkehrs. Auch ökonomisch gab es Argumente für die Anwendung eines technikgestützten Verkehrsablaufs auf den Straßen[20].

2.5 Fehlerquellen bei GPS

Die Genauigkeit der Positionsbestimmung mit GPS hängt von vielen zusammenhängenden Faktoren ab. Es existieren dabei folgende Fehlergruppen: Satellitenfehler und Signalausbreitungsfehler, Empfängerfehler[6].

2.5.1 Satellitenfehler

Betrachtet man den Satelliten, so gibt es zwei Fehlerarten: Ephemeriden und die Satellitenuhren.

- **Ephemeridenfehler ± 5 Meter**
  Der Satellitenstandort ändert sich ständig mit etwa 6 km/s und somit auch die Entfernung des Satelliten zu einem Punkt auf der Erde. Jedoch kann der Nutzer aus den in den Satellitensignalen enthaltenen Ephemeriden[2] die Satellitenstandorte für jeden Zeitpunkt berechnen. Es handelt sich also um Abschätzungen. Weil die nicht-gravitativen Störungseinflüsse der Ephemeren nicht exakt berechnet werden können, ist ein ständiger Fehler mit etwa 5 Metern in der Positionsbestimmung vorhanden[13, 2].

- **Uhrenfehler ± 1 Meter**
  Bei den Satellitenuhren handelt es sich um Atomuhren, die sehr genau laufen. Obwohl in den Satellitenuhren Atomuhren eingebaut sind, laufen sie aufgrund der unterschiedlichen Gravitationskräfte je nach Position des Satelliten nicht genau. Dies versucht man durch Korrekturen des Kontrollsystems in Grenzen zu halten. Dennoch entsteht eine unvermeidliche Ungenauigkeit von 1 Meter.

---

[2]Ephemeriden sind Tafelwerke oder Tabellen, die die Positionen sich bewegender astronomischer Objekte in konstanten Zeitabständen enthalten. Im engeren Sinn sind es Positionstabellen von Sonne, Mond, Planeten, Kometen und Fixsternen[24].

2.5.2 Signalausbreitungsfehler

Bei der Betrachtung der Signale, sind drei Effekte zu berücksichtigen:

- **Störungen durch Ionosphäre ± 5 Meter**
  Falls die Ausbreitungsgeschwindigkeit der Signale mit der Lichtgeschwindigkeit berechnet wird, kann es zu Ungenauigkeiten bis 50 Metern auftreten. Um dies zu verhindern, werden die Laufzeiten der Signale auf verschiedenen Frequenzen miteinander verglichen. Es verbleibt eine Messungenauigkeit von etwa 5 Metern[6].

- **Störungen durch Troposphäre ± 0.5 Meter**
  Die Störungen durch die Troposhphäre sind ortsabhängig, da die Signalgeschwindigkeit durch die Luftfeuchtigkeit gebrochen wird und somit im extremsten Fall zu Ungenauigkeiten von bis zu 1 Meter führt[6].

- **Mehrwegeffekt**
  Mehrwegeffekte können nur durch Reflexionen von anderen Objekten entstehen, die zu sehr gravierenden Fehlern führen. Für den Fall, dass ein Empfänger in der Nähe eines Hochhauses steht, ist es durchaus möglich, dass das Signal verschwindet[6, 2].

2.5.3 Empfängerfehler

Auch im Hinblick auf die GPS-Empfängergeräte gibt es verschiedene Fehlerquellen: Messrauschen und Hardware-Verzögerungen.

- **Messrauschen ± 0.5 Meter**
  Temperaturbedingte Störungen und die Stabilität des Codes mit der Hardware sind die Störfaktoren des Messrauschens[2].

- **Hardware-Verzögerungen ± 0.1 Meter**
  Eine weitere Fehlerquelle im Empfänger sind Hardware-Verzögerungen. Der Ungenauigkeit liegt bei 0,1 Metern[6].

2.6 Das Prinzip der Blitzschlagortung

Als ein weiteres Anwendungsgebiet der GPS-Systeme ist die Verwendung eines GPS-Empfängers als Zeitreferenz bei den Blitzschalgortungssystemen, d.h. der GPS-Empfänger wird lediglich für die Zeitmessung benutzt. In Abschnitt 2.3 wurde festgestellt, dass der vierte Satellit die Zeit mit der Satellitenuhr synchronisiert[21].

2.6.1 Verwendung eines GPS-Empfängers als Zeitreferenz

Diese Eigenschaft des GPS-Empfänger wird ausgenutzt. Somit erhällt man eine Atomuhr nahe Zeit. Um die Synchronisation noch präziser zu machen, wird der Durchschnitt

(2.26) der Werte x, y, z und τ von mehreren Messungen innerhalb eines Zeitintervalls genommen[7]:

$$\left(\frac{1}{N} \sum_{i=1}^{n} x_i, \frac{1}{N} \sum_{i=1}^{n} y_i, \frac{1}{N} \sum_{i=1}^{n} z_i, \frac{1}{N} \sum_{i=1}^{n} \tau_i \right) \tag{2.26}$$

Somit wird die Position besser approximiert. Auf diese Weise wird eine Genauigkeit von 100 Nanosekunden synchron zu der Atomuhrzeit erreicht. Dies entspricht 100 Milliardstel Sekunden Genauigkeit.

2.6.2 Ortung von Blitzschlägen

Für ein Blitzschlagortungssystem wird benötigt:

- Detektoren, die elektromagnetische Aktivitäten überwachen

- GPS-Empfänger, die für eine synchrone Zeit sorgen

- Zentralcomputer, der Detektorinformationen sammelt

Die Detektoren sind auf dem Blitzschlagortungsgebiet gleichverteilt (siehe Abb. 2.9). Jeder dieser Detektoren besitzt zugleich auch einen GPS-Empfänger, was zur Synchronisierung der Uhrzeit dient. Somit laufen alle Detektoren 100 Milliardstel Sekunden genau synchron.

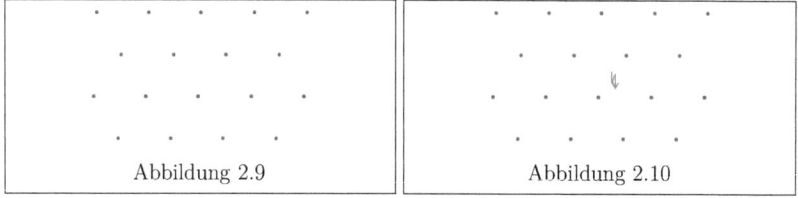

Abbildung 2.9   Abbildung 2.10

Dies hat den Vorteil, dass, wenn ein Blitz aufschlagen sollte (sieh Abb. 2.10), die Detektoren diese elektromagnetische Aktivität registrieren (siehe Abb. 2.11 und 2.12) und es an die Zentralcomputer mitteilen. Von dort aus kann nun mit Triangulation die Stelle des Blitzschlags berechnet werden. Durch die Blitzschlagortung können nun Störungen

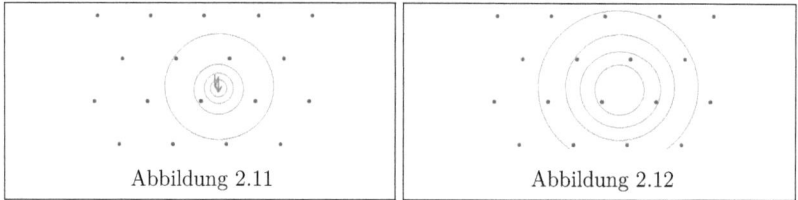

Abbildung 2.11   Abbildung 2.12

in den Starkstromleitungen lokalisiert und gegebenenfalls auch die Energieübertragung umverteilen werden[7].

3 Kartografie

Die Hauptaufgabe und damit das Kernproblem der Kartografie besteht darin, komplexe Sachverhalte und Prozesse im Originalraum auf einer maßstäblich erheblich verkleinerten Darstellungsfläche (Kartenblatt, Bildschirm) abzubilden und zu beschreiben. Karten werden allgemein verwendet, damit wir uns orientieren können. In Abhängigkeit von der Anwendung kann es wichtig sein, dass auf der Karte die Abstände erhalten bleiben, zum Beispiel, wenn gewollt ist, dass der kürzeste Weg zwischen zwei Punkten auf der Karte dem kürzesten Weg zwischen zwei realen Punkten entspricht[7, 25, 26, 27]. Die Kartografie hat hauptsächlich mit Projektionen zu tun und davon gibt es viele verschiedene Typen:

3.1 Projektion auf eine Tangentialebene einer Kugel

3.1.1 1. Variation: Gnomonische Projektion

Eine gnomonische[3] Projektion ist eine Zentralprojektion, bei der das Projektionszentrum im Mittelpunkt des abzubildenden Körpers liegt. Für topografische Karten ist die gnomonische Projektion deshalb nicht geeignet. Dennoch von praktischem Nutzen sind die gnomonischen Azimutalprojektionen, bei denen die Projektionsfläche eine Ebene ist. Gnomonische Azimutalprojektionen sind **geradentreu**. Alle Geraden auf der Erdoberfläche, d.h. alle Großkreise und damit alle Orthodromen, werden wieder als Geraden abgebildet[25].

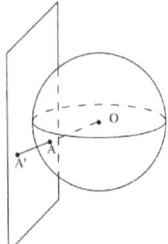 

Abbildung 3.1: Gnomonische Projektion

---

[3]Der Begriff gnomonische Projektion ist von der gnomonischen Sonnenuhr übernommen, bei der die Himmelssphäre mit der Sonne in Zentralprojektion mithilfe der Gnomon-Spitze auf dem Zifferblatt abgebildet wird[25].

3.1.2 2. Variation: Stereografische Projektion

Die Projektion geht durch den Punkt, der diametral entgegengesetzt zum Tangential-
punkt liegt. Sie ist zur Abbildung der Himmelskugel auf Sternkarten und der Erdoberfläche auf Kartennetzentwürfen geeignet. Ihre beiden Vorzüge, dass Winkel erhalten
bleiben (**Winkeltreue**) und Kreise wieder als solche abgebildet werden (**Kreistreue**),
wurden bereits in der Antike entdeckt[27].

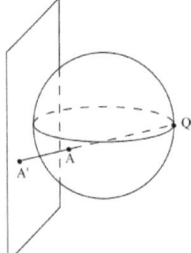 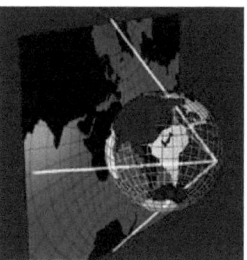

Abbildung 3.2: Stereografische Projektion

3.1.3 3. Variation: Orthografische Projektion

Die Projektion verläuft längs der Geraden, die orthogonal zur Projektionsebene sind. Sie
ist eine Kartenprojektion, bei der die (Erd-)Oberfläche durch Parallelprojektion auf einer
Ebene abgebildet wird. Mit dieser Projektion kann maximal eine Halbkugel dargestellt
werden. Sie ist weder flächen- noch winkeltreu, dafür aber recht **anschaulich**, da sie die
Oberfläche so zeigt, wie sie aus (unendlich) großer Entfernung „aus dem Weltraum" zu
sehen wäre[26].

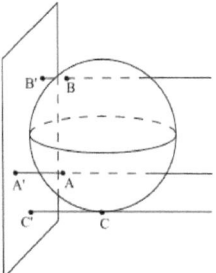 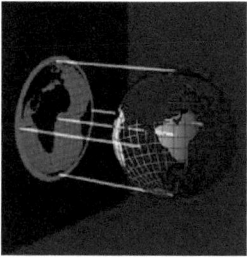

Abbildung 3.3: Orthografische Projektion

3.2 Horizontale Zylinderprojektion

Diese Projektion ist den Geografen als Lambertsche Zylinderprojektion bekannt. Die Kartenabbildung ist weder längen- noch winkeltreu. Das Kartenzentrum wird verzerrungsfrei dargestellt, jedoch nimmt die Verzerrung zum Rand hin so stark zu, dass diese Bereiche sehr unanschaulich werden. Allerdings hat Lamberts Zylinderprojektion eine bemerkenswerte Eigenschaft: **Sie ist flächentreu**. Bei Atlanten mit anderen Projektionen sind die im Norden liegenden Staaten übertrieben groß[28, 7].

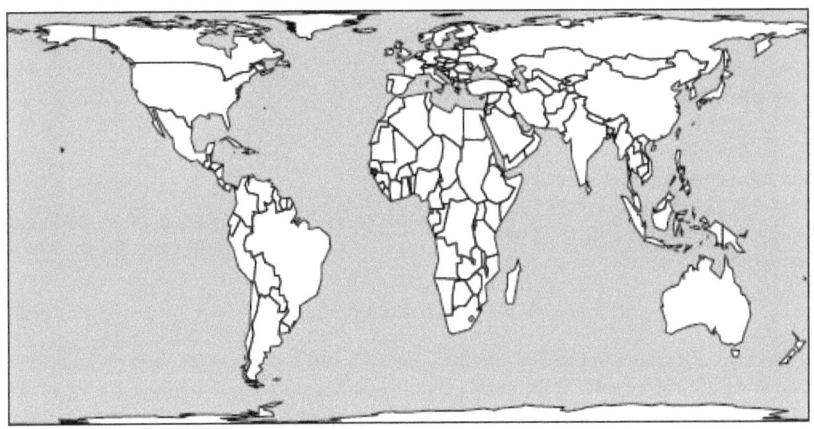

Abbildung 3.4: Die Weltkarte entsprechend Lamberts Zylinderprojektion

Es sei S eine Kugel mit Radius R, deren Oberfläche die Gleichung $x^2 + y^2 + z^2 = R^2$ erfüllt. Die Projektion $P : S \to C$ ist gegeben durch:

$$P(x, y, z) = \left(\frac{Rx}{\sqrt{x^2 + y^2}}, \frac{Ry}{\sqrt{x^2 + y^2}}, z \right) \tag{3.1}$$

Satz 1 *Die durch die Gleichung (3.1) gegebene Projektion $P : S \to C$ ist flächentreu. (In der Geografie und in der Kartografie sagt man, dass die Projektion äquivalent ist.)*

Beweis (siehe. [7, S.32-34])

19

3.3 Mercatorprojektion

Die Mercatorprojektion der Erde bringt für die bewohnten Gebiete der Erde eine beeindruckende Genauigkeit der Festlandumrisse und eine Fülle des Stoffes (siehe Abb. 3.1). Auch die Seefahrer fanden sich bedient, weil die konstanten Schiffskurse in der Mercatorprojektion als Loxodrome[4] auftraten. Auf diese Weise präsentierte sich die neue Erdabbildung als eine allgemein verwendbare Reise- und Seekarte, **die winkeltreu ist**[30]. Diese Projektion überdeckt den ganzen unendlich langen Zylinder. Es werden hier wieder die sphärischen Koordinaten (2.4-2.6) zur Darstellung eines auf der Kugel liegenden Punktes Q, der durch $F(\theta, \phi)$ gegeben ist, verwendet[7].

Abbildung 3.5: Es wird auf einen Zylinder projiziert und dieser abgerollt

$$M(Q) = M\Big(F(\theta, \phi)\Big) = \Big(R\cos\theta, R\sin\theta, R\log(\tan\frac{1}{2}(\phi + \frac{\pi}{2}))\Big) \qquad (3.2)$$

Es bezeichne θ die horizontale Koordinate (Abszisse) auf dem abgewickelten Zylinder und z die vertikale Koordinate (Ordinate). Damit erhält man eine Abbildung $N : S \to \mathbb{R}^2$ der Kugel auf die Ebene. Sind (θ, ϕ) die sphärischen Koordinaten eines Punktes Q, dann bilden wir diesen Punkt auf

$$N(Q) = N\Big(F(\theta, \phi)\Big) = \Big(\theta, \tan\frac{1}{2}(\phi + \frac{\pi}{2})\Big) \qquad (3.3)$$

Definition 1 *Eine Abbildung $N : S_1 \to S_2$ von einer Oberfläche S_1 auf eine Oberfläche S_2 heißt konform, wenn sie winkeltreu ist. Das bedeutet: Schneiden sich zwei Kurven auf S_1 im Punkt Q unter einem Winkel α, dann schneiden sich die Bilder dieser beiden Kurven auf S_2 im Punkt $N(Q)$ unter dem gleichen Winkel α.*

Satz 2 *Die in den Gleichungen (3.2) und (3.3) definierten Abbildungen M und N sind konform.*

Beweis (siehe. [7, S.36])

Lemma 1 *Die Abbildung ist konform, wenn es für alle ϕ_0, φ_0 eine positive Konstante $\lambda(\phi_0, \varphi_0$ derart gibt, dass für alle α und β die folgende Relation für das Skalarprodukt von $v'(0)$ und $w_i'(0)$ gilt:*

Beweis (siehe. [7, S.36-37])

---

[4]Die Loxodrome (gr. loxos: schief, dromos: Lauf) ist eine Kurve auf einer Kugeloberfläche, die immer unter dem gleichen Winkel die Meridiane im Geographischen Koordinatensystem schneidet und daher auch Kursgleiche, Winkelgleiche oder Kurve konstanten Kurses genannt wird[29].

Literaturverzeichnis

[1] FARRELL, Jay: Magnetometer/GPS/INS Demo 2002 Support and Mitigation of GPS Signal Blockage Research. In: *Journal* (2004)

[2] KAPLAN, Elliott D. ; HEGARTY, Christopher J.: *Understanding GPS: principles and applications*. Artech House Publishers, 2006

[3] GILBERT, Stephen W. ; JANICZEK, P.M: *Global Positioning System: : papers published in Navigaton*. Alexandria, VA : The Institut of Navigation, 1986

[4] TSCHAMLER, Ignaz: *Leitfaden der Kartographie*. Bd. / Von Ignaz Tschamler, Wien ; T. 2: *Karten-Projektion*. Als Ms. gedr. Mähr.-Neustadt : Fehr, 1905

[5] ASBURY, MJA ; JOHANNESSEN, R: Single points of failure in complex aviation systems of communication, navigation and surveillance. In: *Journal of Navigation* 48 (1995), Nr. 2, S. 192–203

[6] BAUER, Manfred: *Vermessung und Ortung mit Satelliten: NAVSTAR-GPS und andere satellitengestützte Navigationssysteme ; eine Einführung für die Praxis*. 4., völlig überarb. und erw. Aufl. Heidelberg : Wichmann, 1997. – ISBN 3879073090

[7] ROUSSEAU, Christiane ; SAINT-AUBIN, Yvan: *Mathematik und Technologie*. Berlin, Heidelberg : Springer Spektrum, 2012 (Springer-Lehrbuch). http://dx.doi.org/10.1007/978-3-642-30092-9. – ISBN 9783642300929

[8] CZOPEK, Francis M. ; SHOLLENBERGER, Scott: Description and performance of the GPS Block I and II L-Band antenna and link budget. In: *Proceedings of the 6th International Technical Meeting of the Satellite Division of The Institute of Navigation (ION GPS 1993)*, 1993, S. 37–43

[9] GREEN, Gaylord B. ; MASSATT, PD ; RHODUS, NW: The GPS 21 primary satellite constellation. In: *Navigation* 36 (1989), S. 9–24

[10] STATUS. SATELLITENKONSTELLATION, GPS-Konstellation und: *http://www.kowoma.de/gps/gpsmonitor/gpsstatus.htm*. 2013

[11] MILLIKEN, Robert J. ; ZOLLER, CJ: Principle of operation of NAVSTAR and system characteristics. In: *NAVIGATION: Journal of the Institute of Navigation* 25 (1978), Nr. 2

[12] STILLER, A: GPS-NAVSTAR-The navigation system of the future. In: *Ortung und Navigation* 2 (1981), S. 188–218

[13] GLOBAL POSITIONING SYSTEM (GPS), Offiziell NAVSTAR G.:
http://de.wikipedia.org/wiki/Global_Positioning_System. 2013

[14] GLONASS, Ist ein globales N. Globales Satellitennavigationssystem S. Globales Satellitennavigationssystem:
https://de.wikipedia.org/wiki/GLONASS. 2013

[15] NAVIGATIONSSATELLITENSYSTEMS, Galileo ist der Name des e.:
http://de.wikipedia.org/wiki/Galileo_(Satellitennavigation). 2013

[16] ALLAN, David W.: GPS FORUM: HARMONIZING GPS AND GLONASS. In: *GPS World* 7 (1996), Nr. 5, S. 51–54

[17] SCHENK, Bobby: *Navigieren mit GPS.* 2. Aufl. Stuttgart : Pietsch, 1996. – ISBN 3613502186 (Pp.)

[18] KUGELKOORDINATENSYSTEM:
https://de.wikipedia.org/wiki/Kugelkoordinaten. 2013

[19] FRÖHLICH, Hans ; GRIMM, Susanne: *Dümmlerbuch.* Bd. 78231: *Punktbestimmung mit GPS für Einsteiger: Grundlagen, Bezugssysteme, Transformationen ; Begleitbuch mit Diskette.* Bonn : Dümmler, 1995. – ISBN 342778231X

[20] MANSFELD, Werner: *Satellitenortung und Navigation: Grundlagen, Wirkungsweise und Anwendung globaler Satellitennavigationssysteme ; mit 65 Tabellen.* 3., überarb. und aktualisierte Aufl. Wiesbaden : Vieweg + Teubner, 2010 (Informations- und Kommunikationstechnik). `http://deposit.d-nb.de/cgi-bin/dokserv?id=3186957&prov=M&dok_var=1&dok_ext=htm`. – ISBN 9783834806116 (Gb.)

[21] BACHMANN, Peter: *Handbuch der Satellitennavigation: GPS - Global Positioning System ; Technik - Geräte - Anwendung.* 1. Aufl. Stuttgart : Motorbuch-Verl, 1993. – ISBN 3613015382

[22] HOFMANN-WELLENHOF, Bernhard ; KIENAST, Gerhard ; LICHTENEGGER, Herbert: *GPS in der Praxis.* Wien : Springer, 1994. – ISBN 3211826092

[23] SYSTEM, Differential Global P.:
https://de.wikipedia.org/wiki/Differential_Global_Positioning_System. 2013

[24] EPHEMERIDEN:
https://de.wikipedia.org/wiki/Ephemeriden. 2013

[25] PROJEKTION, Gnomonische:
http://de.wikipedia.org/wiki/Gnomonische_Projektion. 2013

[26] AZIMUTALPROJEKTION, Orthografische:
http://de.wikipedia.org/wiki/Orthografische_Azimutalprojektion. 2013

[27] PROJEKTION, Stereografische:
http://de.wikipedia.org/wiki/Stereografische_Projektion. 2013

[28] AZIMUTALPROJEKTION, Lambertsche:
http://de.wikipedia.org/wiki/Flächentreue_Azimutalprojektion. 2013

[29] LOXODROME:
http://de.wikipedia.org/wiki/Loxodrome. 2013

[30] BACHMANN, Emil: *Wer hat Himmel und Erde gemessen?: von Erdmessungen, Land-karten, Polschwankungen, Schollenbewegungen, Forschungsreisen u. Satelliten.* 2. überarb. Aufl. München : Thun, 1968